数数少了几条鱼

〔韩〕王奎植 白英华 / 著　〔韩〕黄河夕 / 绘　刘娟 / 译

云南出版集团　晨光出版社

今天一整天，我都在数数，数我一共捕了多少条鱼。

但是数着数着，我就迷糊了，到底应该按照1，2，3这样的方式数，还是按照第一条、第二条、第三条的方式数呢？

究竟应该怎么数呀？

很久很久以前，有一个四面环海的小村庄。

在这个小村庄里，生活着故事的主人公鱼尾先生，他从小就很会捕鱼。

有一天，鱼尾捕了很多很多的鱼，多到没办法一次全部带回家。怎么办呢？

鱼尾想了一个好办法。他把捉到的鱼，一条条地串了起来。串完一看，鱼多得一眼望不到头，只能看到翘起的鱼尾巴。他就这样把鱼带回了家。

据说，也就是从那时候开始，大家就都喊他"鱼尾"啦。

后来，鱼尾成家了，他一直靠辛勤地捕鱼来维持家里的生计。

每天早晨，鱼尾和妻子每人吃 1 条鱼，家里的 3 个孩子——老大、老二和老三也要各吃 1 条鱼。

晚餐也一样，全家人每人各吃 1 条鱼。

即便这样，家里还总是剩下很多鱼，总也吃不完。

但是有一天，到了吃饭的时候，鱼尾突然发现，没有鱼可以分给老三了。

鱼尾特别吃惊，他边跑边叫："我的鱼不见了！我的鱼不见了！"

听到他的喊叫声，村民们纷纷赶到他家门前。

村长兰老大吓了一大跳，他问鱼尾："到底少了几条鱼啊？"

"那个……我想想啊。1条、2条、3条、4条、5条……应该是少了5条鱼。"

看到鱼尾吞吞吐吐的，兰村长不得不又问了一遍，"之前有几条鱼来着？"

"呃，我不清楚。但是我知道原来有很多鱼啊。我们家每人每顿吃1条鱼，都还吃不完呢。"

邻居卷毛说："可能是你昨天捕到的鱼比之前少吧，这也不是什么大事儿呀！"

就这样，大家都散了。

第二天早晨，鱼尾像往常一样，把捕来的鱼分给家里人：妻子1条，老大1条，老二1条……这时候他发现，又没有可以分给老三的鱼了，甚至连他自己，也没有鱼可以吃了。

老三没有鱼吃，饿得哇哇大哭，鱼尾气得怒火中烧。

"村子里肯定有小偷！村子里肯定有小偷！"鱼尾大喊着，在村子里来回奔走。

受到惊吓的村民们，再一次聚集到了一起。

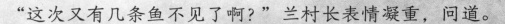

"这次又有几条鱼不见了啊？"兰村长表情凝重，问道。

"这次……这次好像是1，2，3，4，5条鱼。"鱼尾又像昨天那样，回答得犹犹豫豫。

"那么，昨天你一共抓了多少条鱼呢？"

"啊，从早到晚，一共抓了1条、2条、3条、4条、5条！"鱼尾吞吞吐吐地数到了5。

一旁的卷毛大声说道："鱼尾啊，我看你只会数到5吧？"

这时，鱼尾好像被人看穿了一样，整个人都呆住了，低头看着自己的手指头，不知如何是好。

"鱼尾，你得先知道自己每天捕了几条鱼，才能知道每天被偷走了几条鱼呀。"

"现在还不是说这个的时候，我们先教会鱼尾怎么数数吧。"

于是，村民们找来10块石头，每块石头上各放了一条鱼。

"你既然会从1数到5，这几个数我们就直接略过了，后面的你可要认真听。5后面是6，7，8，9，10，看着啊……"兰村长指着鱼，一条一条地数给鱼尾看。

鱼尾生怕漏掉哪个数，认真地跟着兰村长边数边读："6，7，8，9，10！"

那天晚上，鱼尾再次把捕来的鱼分给家人，还是每人1条鱼，然后把剩下的鱼一条一条地放在石头上。

1条、2条、3条、4条、5条、6条、7条、8条、9条、10条！

一条不多，一条不少，正好10条鱼。

"啊哈，这下我明天就可以自信地说出，一共少了多少条鱼了。"鱼尾开心地想。

第二天，鱼尾的喊叫声让村里人再一次聚集在他家门口。

"怎么回事啊，怎么又有鱼不见了！"兰村长把手搭在鱼尾的肩膀上问道，"快数数，到底少了几条鱼？"

"呃……有 6 条鱼不见了。昨天晚上我数过了，一共还剩 10 条鱼。"

村里的人都觉得这件事有点儿奇怪，纷纷数起鱼来。

老大　老二　老三

1　2　3

"不对啊鱼尾！不是有 6 条鱼不见了，而是第六条鱼不见了。"

"看来鱼尾分不清 6 条和第六条的差别呀。"

"停，停！大家安静一下！"

兰村长耐心地跟鱼尾解释起来："你看你啊，是按照孩子们出生的顺序，称呼孩子们老大、老二、老三，是吧？像是老大、老二、老三这样的描述，其实是代表顺序。但是呢，当我们像1，2，3这样数的时候，代表的就是数量。"

听到这里，鱼尾恍然大悟，频频点头，"所以，不见的就是第六条鱼，其实是只有1条鱼不见了！"

村民们都高兴地喊着："没错，没错！"纷纷为鱼尾鼓起掌来。

这天晚上，卷毛的家里突然传出一声惨叫，"我家的鱼不见了！我家被盗了！"

饱受惊吓的村民们，这次聚集到了卷毛家门口。

卷毛哗哗地流着眼泪，"呜呜，村子里肯定是有小偷了。"

兰村长用力咬了咬牙，说道："我们绝不能这么坐以待毙。从今天晚上开始，大家轮流守护我们的村庄吧！"

村民们争先恐后地站了出来，都想要捉到那个偷鱼的小偷。

第一天晚上，什么事情都没有发生。

第二天晚上，仍旧什么事情都没发生。

第三天晚上，还是什么事情也没发生。

直到第四天晚上，夜幕降临，这一天轮到鱼尾和卷毛站岗。

"都过去三天了，小偷还是没出现，我觉得今天他也不会出现了。
我们应该可以放宽心，打个盹儿了吧？"鱼尾努力睁着快要粘到一起的
眼皮问道。

"不行，小偷都饿了三天了，今天晚上他肯定会出现的。"卷毛一边
努力睁大眼睛一边回答。

但是，随着夜色越来越深，卷毛也不知不觉睡着了。

突然！

唰啦唰啦，不知从哪里传来一阵响声。

卷毛一下子惊醒了！他马上爬起来，把鱼尾叫醒，"鱼尾，鱼尾，你快点儿起来，好像有动静。"

鱼尾吓了一跳，竖起耳朵，屏息听着。

　　"听这声音，像是从兰村长家里传来的，我们快过去看看！"鱼尾说完，和卷毛一起举起火把，向兰村长家跑去。

　　"有小偷！小偷来了！"

村民们听到喊叫声，也匆匆忙忙地向兰村长家跑去。

大家跑到那里一看，有个人正瘫坐在地上，呜呜地哭着。那不是别人，正是村里独居的老奶奶。

"呜呜，老头子去世后，连给我捕鱼的人都没了，我整天挨饿……实在没办法才偷鱼的。真是对不起大家。"

听到老奶奶的话，大家都很同情她的遭遇，默默流下了眼泪。

"以后，我们每天都给老奶奶送几条鱼吧！"听到鱼尾的提议，村里的人们都表示赞同。从第二天起，人们就开始给独居老奶奶送鱼了。

这天，兰村长、卷毛、鱼尾和鱼尾的妻子，先后来给老奶奶送鱼。

"1，2，3，4，您一共收到了4条鱼，第4条是我送给您的。今天您一定不会饿肚子了！"鱼尾在独居老奶奶家门口数起鱼来。

卷毛听见了，笑着说："鱼尾啊，看来你不仅学会了数数，还会准确地说第几、第几了，你得好好儿感谢大家啊！哈哈，从今天起，你的名字可以改叫数鱼先生啦！"

让我们跟鱼尾先生一起回顾一下前面的故事吧！

在村里人的帮助下，我学会了数数，能准确地知道每天抓了多少条鱼。按照 1，2，3，4，5，6，7，8，9，10 这么数，就没错啦。而且，我还知道怎样按照顺序数数。可以按照第一、第二、第三、第四、第五、第六、第七、第八、第九的顺序，数到第十。这种数数方法与顺序有关，与出现量或者数时的数数方法不同。

下面让我们详细了解下基础的"数"的概念吧。

数学面对面

数学概念 认识数

　　水果店里有好多种水果，当我们要数一共有多少个水果的时候，就会使用到数。除此之外，我们在日常生活中也会遇到很多需要读数或者写数的情况。请数一数下图水果店里的每种水果各有多少个吧。

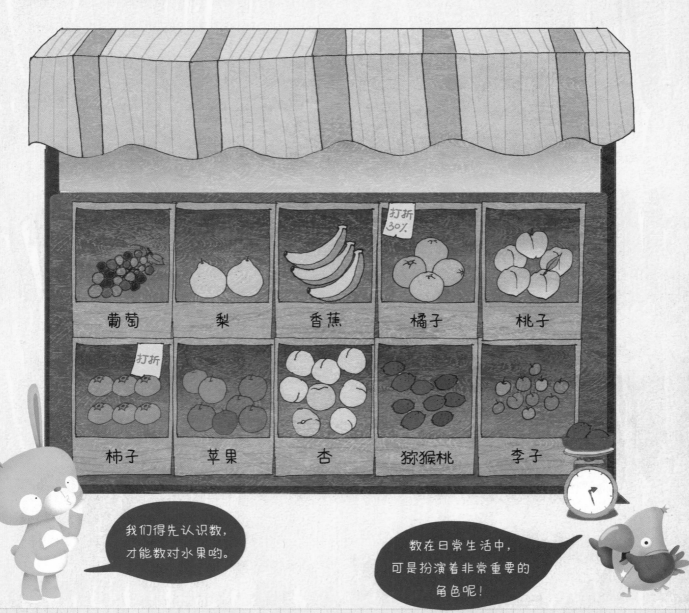

我们得先认识数，才能数对水果哟。

数在日常生活中，可是扮演着非常重要的角色呢！

水果店里有 1 串葡萄，10 个李子……各种水果的个数如下所示。同时，表格中标记了 10 以内数的写法和读法。如果有一种水果已经售完，个数会标记为"0"，读作"零"。

水果										
写作	1	2	3	4	5	6	7	8	9	10
读作	一	二	三	四	五	六	七	八	九	十

但是有时候，数表示的是物体在队列中的顺序。在这种情况下，读作"第一、第二、第三"等。

现在我们来学习比较两个数的大小。在比较数大小时，我们需要用到不等号">"或者"<"。不等号的开口朝向数较大的一方，同理尖角的方向则代表数较小的一方。如果表示的数量一样大，则用等号，也就是"="。

5 比 3 大。

5 > 3

所以不等号的开口方向是朝向 5 的。

之前，我们认识了从 1 到 10 这 10 个数。现在，我们学习一下比 10 大的数。

我们先数出 10 个圆，圈成一组。再接着往下摆一摆，数一数。

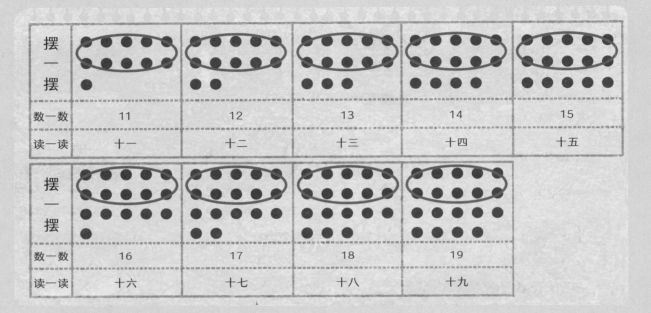

摆一摆					
数一数	11	12	13	14	15
读一读	十一	十二	十三	十四	十五

摆一摆				
数一数	16	17	18	19
读一读	十六	十七	十八	十九

每 10 根小木棒为 1 捆，捆在一起后，该怎么读呢？通过下面的表，了解一下几十的读法和写法吧。

数一数	20	30	40	50	60	70	80	90
读一读	二十	三十	四十	五十	六十	七十	八十	九十

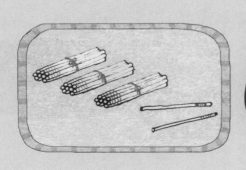

10 根小木棒是 1 捆，一共 3 捆，是 30。再加上 2 根，所以一共有 32 根小木棒，读作"三十二"。

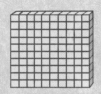

一排有 10 个小方块，一共 10 排，因此左边的模型代表的数值就是 100，比 99 大 1，比 90 大 10。2 个 100 是 200，写作"200"，读作"二百"。同样的，4 个 100 就是 400，写作"400"，读作"四百"。

这是 471 路公交车。在 471 这个数字中，百位上是 4，表示 400；十位上是 7，表示 70；个位上是 1，表示 1。

数字	4	7	1
摆一摆			
位数	百位	十位	个位
意义	400	70	1

0 的意义

0 这个数可不简单，包含很多意义。第一，0 这个数字是填充空位的记号。像 100，2041 这类数，如果没有 0，就体现不出是几位数了。第二，0 意味着什么都没有。如果存折里余额为 0，则意味着一分钱都没有了。第三，0 往往出现在起点。跑步时，常常用 0 米来表示起点，同时也是从 0 米处开始测速。最后，0 也常常作为比 0 大或者比 0 小的基准数。

身边的数学 生活中的数字

　　我们几乎每天都在和"数"打交道,生活中常常涉及与"数"相关的各种问题。除了日常生活,其实数字与各个领域都紧密相连。那么在这些领域中,数字是以怎样的方式和大家见面的呢?

📖 历史

我国古代计数方式

　　算筹(chóu)是我国古代广泛应用的一种计数方式,它的出现年代虽然现在难以考证,但据史料推测,最迟在春秋晚期战国初年时就已经出现。古代的算筹通常使用竹子、木头和兽骨等材料制成一些长短、粗细差不多的小棒,需要时用这些小棒来计算数目,不用时则把它们放在小袋子里保存或携带。当时用小棒表示数的方法有横式和纵式两种(表示多位数时,个位用纵式,十位用横式,百位用纵式,千位用横式,依此类推,遇零就空着)。

	1	2	3	4	5	6	7	8	9
纵式									
横式									

▲算筹表示方法

🏛 文化

新年的钟声

　　每逢新年到来之时,我国很多寺院,像是大钟寺、灵隐寺、寒山寺都会敲响钟声,人们随着钟声互相祝福,祈求新年吉祥如意。那么,要敲多少下呢?是108下。至于为什么是108下,原因众说纷纭。一种说法是,根据我国传统的农历历法,一年有12个月,24节气,72候(5天为一候),三者相加正好是108。因此,敲钟108下,有辞旧迎新的意思。

🪢 体育

运动员的号码牌

我们在观看各类体育比赛时，可以发现各个国家的运动员背后都有一个号码。通过他们衣服上的号码，观众可以很轻松地认出各位选手。以前在世界杯的足球比赛中，各国球员都会使用1号到23号之间的号码，守门员通常是1号。其他选手也会按照在组内所扮演的角色，选择相应的号码。但是现在，运动员们也会根据自己的喜好来选择衣服上的号码。

🔤 英语

英语中的数字

"How many"是英语询问"多少"的表达形式。想要回答有多少个的问题，就要先知道在英语里数字是怎么表达的：1是one，2是two，3是three，4是four，5是five，6是six，7是seven，8是eight，9是nine，10是ten。

 # 趣味小游戏 1 按顺序排队

下图有 9 个人在排队领食物，其中几个人的手里拿着碗呢？请找出他们，并将他们的头像与他们各自正确的位置连起来。

第二   第六   第七   第九   第四

去朋友家玩

趣味小游戏 **2**

鱼尾打算去下面3个朋友家玩。仔细阅读朋友们的话，找出他们各自住的房间，并将左下角的头像沿黑色实线剪下来，贴在对应的窗户上。

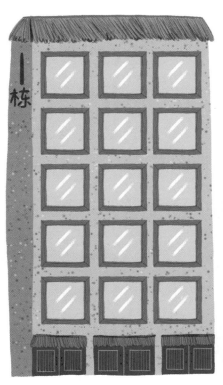
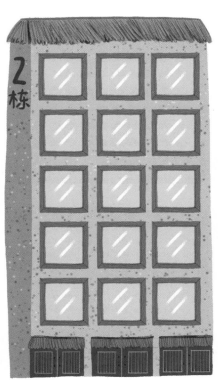
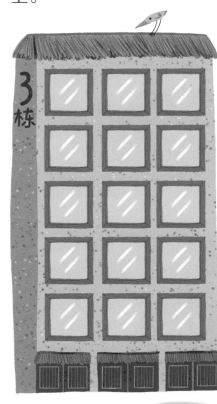

我住在1栋。
从左侧第三个入口进入，
上到第三层，
就是我家啦。

我住在3栋。
从左侧第一个入口进入，
上到第五层，
就是我家啦。

我住在2栋。
从左侧第二个入口进入，
上到第四层，
就是我家啦。

41

趣味小游戏3 帮帮鱼尾

为了不断加深鱼尾对数数的掌握，村民们继续给鱼尾出题。下面，请找出村民们说的数以及该数字的正确读法，分别连线。

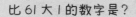

比61大1的数字是？

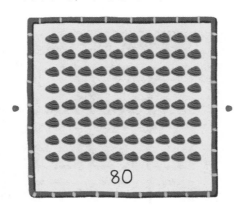
80

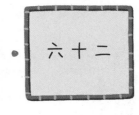
六十二

比100小1的数字是？

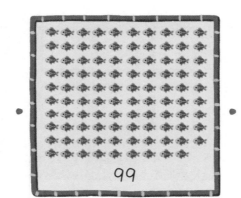
99

八十

79后面的数字是？

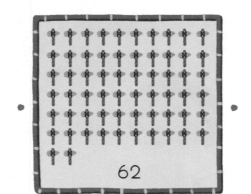
62

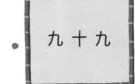
九十九

说出你的故事

鱼尾一家从村民那里听说了很多村里的消息。请找出表述准确的人，将他们的麦克风涂上颜色。

独居老奶奶
给第一个送给她一条鱼的村民
亲手摘了第十个苹果。

鱼尾今天捕了19条鱼，其中9条
都用来熬煮招待村里人的海鲜汤了。

昨天举办的个人才艺比赛中，
兰村长作为1选手登上舞台唱歌了，
同时，卷毛作为10个选手也登上了舞台。

几天前，在村里举办的数学比赛中，
兰村长的女儿得了100分，
鱼尾的女儿得了70分。

比比谁更大

趣味小游戏 5

小朋友们，学完数数后，我们来学习比较数字的大小吧。请在最下方找出与各个数字模型相符的数字并沿着黑色实线剪下来，贴在对应的位置。然后根据两边数字的大小，在圆圈处填上"＞"或"＜"。

左边这个图形，是 100 个拼在一起的小正方体组成的，表示 100。

粘贴处　粘贴处

粘贴处　粘贴处

粘贴处　粘贴处

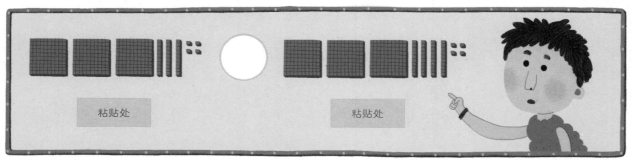

| 230 | 334 | 312 | 344 | 410 | 407 |

保险箱的密码

这一天，你怎么也记不起保险箱的密码，不过好在你提前做了一本密码提示书。

请根据本页和下一页的提示，正确回答书中的问题，就能知道被你遗忘的密码啦！

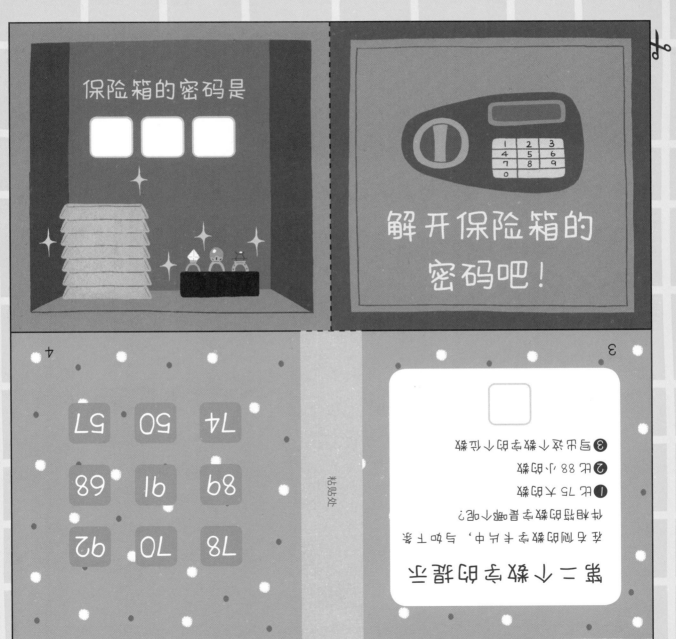

保险箱的密码是

解开保险箱的密码吧！

第二个数字的提示

在右侧的数字卡片中，与如下条件符合的数字是哪个呢？

① 比 75 大的数。
② 比 88 小的数。
③ 可用放大镜字的小数。

78 70 92

89 91 68

74 50 57

粘贴处

制作方法

1. 沿着黑色实线剪开，注意不要剪到虚线部分。
2. 沿着横向的山折线折叠。
3. 然后，沿着竖向的山折线折叠。
4. 在每张纸的粘贴处部分涂上胶水，并用力按压。
5. 每翻开一张，就能解开一个密码中的数字，最后将解出的数字按照顺序写在最后一页。

- - - - - - - 山折线
████████ 粘贴处

第一个数字提示

可以填入空格的通用数字是什么呢？

1
2

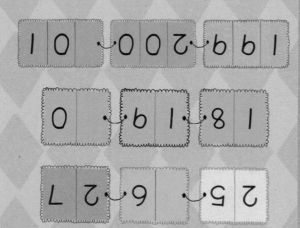

粘贴处

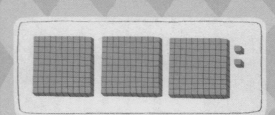

6
5

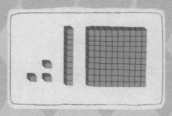

什么呢？

在如下三个图画中重复出现的数字是

第三个数字的提示

看图写故事

阿虎和朋友们玩了一会儿就各自回家了。仔细观察如下两幅图，找出有几处变化，并写下来吧。

仔细观察阿虎、小兔、阿狸和小粉他们刚才玩的地方，树桩上本来有6条鱼，现在只剩下2条了。并且，坐垫从……

参考答案

40~41 页

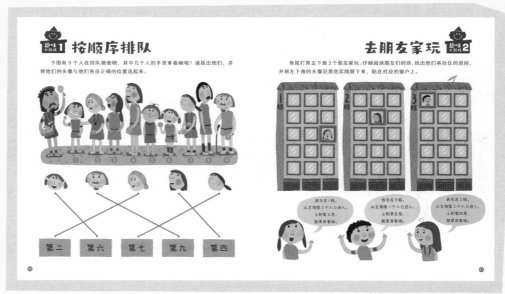

42~43 页

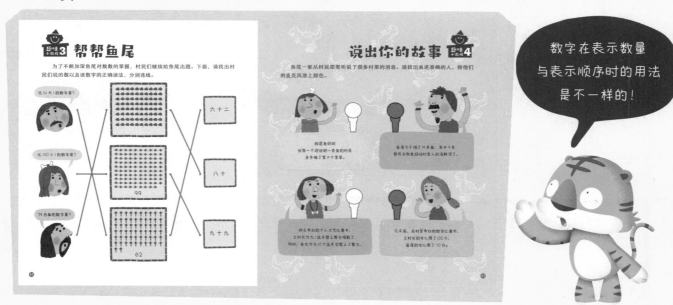

数字在表示数量与表示顺序时的用法是不一样的!